LE PRUNIER

ET LA

PRUNE D'AGEN

PAR

LOUIS BRUGUIÈRE

Membre de la Société d'Agriculture, Sciences et Arts d'Agen et de la Chambre consultative d'Agriculture du département de Lot-et-Garonne.

PARIS

G. MASSON, ÉDITEUR

LIBRAIRE DE L'ACADÉMIE DE MÉDECINE

120, Boulevard Saint-Germain

1880

LE PRUNIER

ET

LA PRUNE D'AGEN

DU MÊME AUTEUR :

L'AGRICULTURE CONTEMPORAINE, *sa situation, ses moyens d'action,*

Ouvrage honoré d'une souscription du MINISTÈRE DE L'AGRICULTURE et couronné par la SOCIÉTÉ D'ACCLIMATATION DE PARIS.

Un vol. in-8°, orné de 11 planches (G. Masson, éditeur.)

Agen. — Imprimerie V. LENTHÉRIC, rue de Cessac, 12

LE PRUNIER

ET LA

PRUNE D'AGEN

PAR

LOUIS BRUGUIÈRE

Membre de la Société d'Agriculture, Sciences et Arts d'Agen et de la Chambre consultative d'Agriculture du département de Lot-et-Garonne.

PARIS

G. MASSON, ÉDITEUR

LIBRAIRE DE L'ACADÉMIE DE MÉDECINE

120, Boulevard Saint-Germain

1880

AVANT-PROPOS

La deuxième moitié de notre siècle a apporté avec elle de véritables transformations dans la situation économique de chaque pays. La création de nouvelles voies ferrées, le développement de la marine à vapeur, aussi bien que les traités et conventions de commerce, ont changé presque complétement les conditions de la production agricole. Le marché général des produits est accessible aujourd'hui à presque tous les pays; quiconque peut s'y présenter dans les circonstances les plus avantageuses l'emporte fatalement sur ses concurrents. La conséquence forcée d'un tel état de choses, c'est, pour les agriculteurs, la nécessité de concentrer plus spécialement leurs efforts sur les denrées propres aux régions qu'ils habitent.

L'Agenais est bien partagé à cet égard; il jouit de l'heureux privilége de posséder une culture déjà établie et spéciale à son territoire. Depuis longtemps la prune d'Agen a acquis une renommée universelle; elle est recherchée à des prix qui se sont constamment élevés et elle ne redoute sur le grand marché du monde aucune concurrence.

Une étude sur une production qui donne annuellement à notre pays plusieurs millions de francs nous a donc semblé présenter quelque intérêt. D'excellents écrits, notamment l'ouvrage de M. le docteur Issartier, ont paru, nous ne l'ignorons pas, sur ce même sujet; mais ils sont déjà anciens ou épuisés. Du reste, la question plus neuve des étuves et des trieurs à prune d'une grande importance aujourd'hui, vu la rareté de la main d'œuvre et l'accroissement de la production, n'y était qu'effleurée.

Telles sont les considérations qui nous ont engagé, sur les conseils d'amis, à publier ce travail. S'il peut fournir, ainsi complété, quelques utiles indications aux agriculteurs, notre ambition aura été pleinement satisfaite.

Juin 1880.

L. B.

PREMIÈRE PARTIE

Origine et Culture du Prunier.

I

Le Prunier. — Ses variétés.

Les variétés de pruniers qui existent aujourd'hui dans les cultures de l'Europe se comptent par centaines. Les botanistes et les pomologistes ont fait de grands efforts pour rattacher ces variétés à des espèces primitives. Ils sont loin d'être arrivés à des résultats concordants.

D'après Thiébaut de Berneaud, le prunier cultivé aurait pour origine le prunellier commun (*prunus spinosa*) qui est indigène dans presque toute l'Europe centrale. Mais cette opinion n'a été admise que par un très petit nombre de botanistes. Elle paraît effectivement difficile à soutenir, si on considère les différences qui séparent ces deux espèces, celles qui existent entre les diverses espèces elles-mêmes et enfin la tendance de quelques-unes de celles-ci à se reproduire identiquement ou presque identiquement par la voie du semis.

Aujourd'hui, les botanistes reconnaissent presque tous l'existence de plusieurs espèces primitives, bien qu'ils soient loin de s'entendre sur les types sauvages dont elles dérivent. Tels sont : le *Prunus damascena*, le *Prunus insititia*, le *Prunus fruticans*, *le Prunus brigantiaca* et plusieurs autres espèces exotiques*.

Certaines variétés, actuellement bien caractérisées, proviendraient même, selon eux, d'un croisement survenu pendant le cours des siècles entre deux espèces différentes.

Quoi qu'il en soit de cette question d'origine, il est certain que le prunier a été cultivé dès

* DECAISNE, *Le Jardin fruitier du Muséum.*

la plus haute antiquité en Europe *. Dans plusieurs passages, notamment dans la deuxième Eglogue, Virgile en parle comme d'un arbre commun en Italie. Pline en signale, dans ses écrits, onze variétés, dont malheureusement il n'a pas déterminé les caractères avec assez de précision pour qu'il soit possible de les reconnaître aujourd'hui.

Au moyen-âge et particulièrement à l'époque des croisades, les rapports avec l'Orient ont été très-fréquents. Des plantes, des espèces d'arbres jusque là inconnues ont été introduites en France, à la suite de ces lointaines expéditions. En effet, c'est en Grèce, en Asie-Mineure, surtout aux environs de Damas, qu'on rencontre les types des meilleures variétés de fruits. Le prunier, comme le prétend la tradition, a-t-il été également apporté des environs de cette ville par les croisés? Il est permis de croire à une telle origine, sinon pour l'arbre d'une manière géné-

* On s'accorde à dire que le *Prunus domestica* est spontané autour du Caucase et des monts Talysch et le *Prunus insititia* dans le Caucase, la Grèce et l'Europe tempérée. DECANDOLLE, *Géographie botanique*, tome II, page 878.

rale, au moins en ce qui concerne certaines variétés de qualité supérieure.

Le nombre des variétés de pruniers s'est accru dans de telles proportions, sous l'influence des climats, des terrains, des modes de culture, qu'il existe peu d'arbres à fruit en possédant une aussi grande quantité. Au siècle dernier, un savant naturaliste qui fut en même temps un agronome distingué, Duhamel, a divisé, pour en rendre l'étude plus facile, les variétés de pruniers en deux grandes catégories. La couleur des fruits a servi de base à sa classification. Il a donné à la première famille le nom de pruniers à fruit rouge-violet et à la seconde le nom de pruniers à fruit blanc-jaune ou verdâtre. Le prunier d'Agen, dont nous allons faire une étude spéciale, appartient à la première de ces deux catégories.

Aujourd'hui, la plupart des arboriculteurs admettent deux classes de pruniers : ceux à fruits de table, et ceux à fruits à confire.

La variété cultivée dans le département de Lot-et-Garonne est celle dite Prune *robe-de-sergent* ou prune d'ente. Cette espèce est actuellement la seule recherchée des cultivateurs. Autrefois, on cultivait aussi une autre variété, connue sous le nom de *prune du roi*; mais son fruit, à pulpe dure et moins réductible, présentait de plus grandes difficultés pour la cuisson. C'est à une variété de cette dernière espèce, appelée prune de Sainte-Catherine qu'appartiennent les pruneaux, également renommés, de la Touraine. On trouve encore, sur quelques points du département, une autre espèce de pruniers désignés sous le nom de *pruniers communs ou de Saint-Antoine*. Cette variété produit des fruits moins estimés que ceux des pruniers d'ente; aussi elle tend à disparaître. On ne cultive dans le département de Lot-et-Garonne, ni le prunier *Perdrigon* de Brignolles, ni la *quetsche* d'Alsace, fort appréciés cependant dans d'autres régions.

Malgré leur dénomination, les pruneaux d'Agen ne sont récoltés qu'en faible quantité dans les environs de la ville dont ils portent le nom. La culture du prunier, quoique répandue assez inégalement sur tous les points du département, se concentre principalement sur les bords de la Garonne, par delà Agen jusqu'à Marmande, et dans la vallée du Lot, aux environs de Clairac, Monclar et Villeneuve.

Si la tradition est exacte, l'introduction de cette culture dans l'Agenais serait due à un couvent qui existait, il y a plusieurs siècles, aux environs de Clairac. Il en a été de même sur d'autres points pour des créations non moins importantes. Par l'instruction et l'esprit de suite inhérents à leur constitution, ces sortes d'établissements ont été les promoteurs d'un progrès que l'ignorance et la misère rendaient le plus souvent impossible à l'initiative privée. On les voit, en effet, dès le douzième siècle, creuser dans l'Artois un puits, dit artésien, du nom de ce pays; faire, en 1600, dans la Flandre occidentale les premiers essais de drainage; créer, en 1200, en Champagne et en Bourgogne autour des abbayes de Clairvaux et de Citeaux, sur des terres incultes, des vignobles dont les produits renommés furent la source de leur fortune, et plus tard celle de ces deux provinces.

Des vergers du monastère de Clairac, la culture du prunier s'est successivement répandue dans le département de Lot-et-Garonne et dans certaines portions des départements voisins. Ses produits s'élèvent actuellement à un total considérable. Les registres officiels de la douane de Bordeaux constatent, pour l'année 1861, une exportation maritime de plus de sept millions de francs. Si à ce chiffre on ajoutait les expéditions par chemins de fer, on arriverait à une évaluation encore plus grande, de douze millions peut-être, mais qu'il serait difficile de préciser, comme le fait observer M. le docteur Issartier, auquel nous empruntons ce renseignement. D'après une communication que nous devons à l'obligeance de l'un des directeurs de la succursale de la banque de France d'Agen, le commerce des prunes occasionne annuellement à cet établissement un mouvement de fonds d'une vingtaine de millions. Il y a soixante-cinq ans, en 1815, cette même production rapportait à peine, au seul département de Lot-et-Garonne il est vrai, une somme annuelle d'un million et demi.

Un tel résultat, digne d'appeler l'attention des agriculteurs, est la conséquence heureuse de l'ouverture de plusieurs voies ferrées construites dans le département et des facilités données aux transactions par les nouveaux traités de commerce.

II

Climat et terrain propres au Prunier.

Le prunier est un des arbres fruitiers dont la floraison est le plus précoce. Les contrées exposées aux gelées tardives lui sont donc peu favorables. Pour cette raison, ainsi que le fait observer M. Du Breuil, on ne peut cultiver utilement le prunier que dans la région de la vigne. Au nord de cette limite, on n'obtient une fructification un peu abondante que dans quelques localités parfaitement abritées. Dans tous les cas, il faut planter les pruniers sur les penchants des coteaux exposés du sud-est au sud-ouest.

Les terrains argilo-calcaires conviennent tout particulièrement à cet arbre. Il n'exige pas, pour ses racines peu pivotantes, une couche végétale d'une grande profondeur; mais il redoute les lieux ombragés ainsi que les sols sablonneux ou humides. Les pruniers très développés, qui végètent sur les collines argilo-calcaires de notre département et les spécimens languissants venus dans la vallée de la Garonne, présentent un exemple remarquable de l'influence du terrain sur cette culture.

III

Culture du Prunier. — Plantation.

Le prunier est cultivé presque partout en association avec la vigne, soit au milieu des vignobles, soit dans les vergers. Quand on adopte cette dernière disposition, on divise les champs en bandes parallèles ayant une largeur de 6 à 20 mètres chacune. Ces bandes sont séparées par une ou deux rangées de vignes distantes de 2 mètres. C'est entre ces vignes, à un espace de 10 mètres les uns des autres que sont plantés les arbres.

La réunion du prunier et de la vigne offre une disposition très-avantageuse. Elle permet, en effet, de faire bénéficier l'arbre des deux façons données à l'arbuste et de conserver ainsi aux racines, dont le développement s'effectue dans les couches supérieures du sol, toute l'humidité qui leur est nécessaire. On a remarqué, en outre, que les pampres et les larges feuilles de la vigne protégeaient les racines des pruniers contre l'action trop énergique des rayons du soleil, et entretenaient le sol dans un bon état de fraîcheur.

Que les pruniers soient plantés en vergers, ou qu'ils soient mariés aux vignes, leur présence, quand ils sont en plein rapport, accroît d'une manière sensible la valeur du sol. Cette augmentation est généralement estimée dans les limites de un quart à un tiers de la valeur primitive. Un hectare de terre qui vaudrait 3,000 fr. dans les circonstances ordinaires, se vend facilement de 3,700 à 4,000 fr., quand il renferme des pruniers.

On reproduit le prunier soit par semis, soit par drageons. Le semis présente l'avantage de fournir des plants à racines pivotantes, par conséquent plus susceptibles de bien soutenir un arbre à haute tige. Les drageons se développent plus rapidement, mais ils émettent des racines traçantes nombreuses, et les arbres qui en proviennent ont une durée moins longue.

Dans le département de Lot-et-Garonne, la production des jeunes arbres est presque exclusivement réservée aux pépiniéristes. Les propriétaires leur achètent les jeunes pruniers pour les mettre immédiatement en place. De leur côté, les pépiniéristes propagent généralement l'espèce en se procurant des rejetons venus aux pieds des arbres adultes. Ils repiquent ces jeunes sujets, les greffent en écusson après la reprise, les recepent à une faible distance du sol et enfin les vendent à l'âge de trois ans, lorsque les premiers bras destinés à former la charpente sont sortis. Depuis un certain temps, quelques pépiniéristes substituent aux jeunes rejetons des plants de prunier *Myrobolan*, variété vigoureuse comme on le sait, qui permet de gagner une année de culture en pépinière.

La méthode du semis est plus longue, mais

préférable en ce qu'elle donne des sujets plus robustes et d'une meilleure venue. Elle consiste à cueillir des fruits parfaitement mûrs et à répandre, dès la fin de l'été, les noyaux à 0,10 ou 0,15 centimètres de distance sur des planches préparées en bon terreau, bien ameublies et moyennement fumées. Si on le trouve plus convenable, cette même opération peut n'être effectuée qu'au commencement du printemps suivant; mais il faut alors stratifier les fruits dans des caisses pour en assurer la conservation pendant l'hiver. Des sarclages et des arrosages, destinés à détruire les plantes adventices et à maintenir la fraîcheur du sol suffisent ensuite à cette culture. Le plant a quelquefois acquis assez de développement pour être repiqué dès la fin de la première année; il est néanmoins préférable de le garder sur couche pendant deux ans. Une fois mis en pépinière, les jeunes sujets sont écussonnés et traités comme ceux qui proviennent des drageons.

Que les jeunes pruniers résultent d'un semis ou de drageons, on doit toujours éviter, au moment d'effectuer la plantation, de les transporter sur un sol de qualité inférieure à celui où ils ont été élevés ; ils ne supporteraient pas sans souffrir un tel changement.

C'est à l'automne, c'est-à-dire dans les mois de septembre et d'octobre, qu'il convient de procéder à la mise en place définitive du prunier. En effet, l'arbre planté à cette époque a le temps de prendre racine avant l'hiver et peut entrer ainsi en pleine végétation, dès les premiers jours du printemps suivant.

Les trous destinés à recevoir les jeunes arbres doivent être ouverts plusieurs mois à l'avance, de façon à ce que l'action des agents atmosphériques, des gelées et des pluies puissent améliorer et ameublir le sol. On donne habituellement à cette excavation une ouverture de 1 mètre 50 cent. et une profondeur de 0,60 à 0,80 cent. Dans les environs d'Agen, sur les coteaux de la rive droite de la Garonne, le diamètre de l'orifice est élargi jusqu'à 2 mètres et souvent même au-delà de cette limite. Un tel défoncement présente l'avantage, de l'avis des propriétaires, de faciliter la reprise des jeunes pruniers sur des terrains de qualité secondaire. La manière d'ouvrir les trous n'est pas sans influence sur la reprise des arbres. Aussi recommande-t-on certains soins particuliers, propres à assurer le succès des plantations. Au fur et à mesure de l'extraction, la terre doit être divisée en deux ou même trois tas différents. D'un côté, on place la terre de la couche supérieure, d'un autre côté celle de la couche intermédiaire, et enfin encore séparément celle du fond. Au moment de la plantation, on replace au fond de l'excavation la terre de la couche intermédiaire, puis celle de la couche supérieure, et on recouvre le tout avec la terre provenant du fond. Avant de déposer cette dernière couche, on ajoute parfois un peu de compost à la couche du milieu, qui est destinée à recevoir l'arbre. Cette méthode présente, on le voit, le double avantage de mettre les racines directement en contact avec la partie du sol la plus fertile et de tenir, au contraire, hors de leur portée l'ancienne couche inférieure, qui s'améliore à son tour, sous l'action des agents atmosphériques.

Les engrais généralement employés avec succès pour maintenir et même pour refaire une plantation de pruniers sont : d'une part, les composts et les terreaux bien préparés ; d'autre part, les engrais salins et décomposés, les boues des villes, les chiffons de laine coupés en morceaux, les râpures de corne, dont la richesse en principes azotés est bien connue de tout le monde. Quant aux fumiers purs, ils conviennent peu aux pruniers, comme à la plupart des arbres fruitiers, en ce qu'ils provoquent le développement de certains champignons nuisibles aux arbres. Dans quelques localités du haut Agenais, telles que Cancon, Lauzun, Castillonnès, où le sol laisse à désirer, on a l'habitude, nous a rapporté M. Goux, secrétaire du Comice d'Agen, de transporter une certaine quantité de terre au pied des arbres, quelle qu'en soit la nature. Cette pratique a pour effet de butter l'arbre, de le prémunir contre les coups de vent, de maintenir l'humidité aux racines et de fertiliser le sol.

Le prunier a acquis toute sa force de production à l'âge de 15 ou de 20 ans; il va ensuite constamment en déclinant. Mais, à l'aide de soins d'entretien semblables à ceux que nous venons d'indiquer et avec un procédé de taille bien approprié à son mode de végétation, on peut encore prolonger son existence pendant de longues années. L'examen de cette seconde et importante question va faire l'objet du chapitre suivant.

IV

Taille

Le prunier est toujours disposé à haut vent dans l'Agenais. Généralement, il reçoit la forme d'un cône renversé.

La taille adoptée par les cultivateurs a principalement pour but de ménager sur les arbres, autant que possible, du bois de deux ans, sur lequel se montrent les boutons à fruits, et de supprimer, en même temps que le bois mort, les branches gourmandes poussées dans l'intérieur du cône. On conserve également, à côté des branches fruitières, des tiges jeunes destinées à remplacer les rameaux affaiblis et devenus inféconds après une certaine période de production.

Un tel procédé permet de rajeunir l'arbre, qui peut ainsi porter pendant plus longtemps des fruits plus nombreux et d'une qualité supérieure. Une taille trop accentuée occasionnerait au contraire des exsudations de gomme et par suite l'affaiblissement et même la mort du sujet.

Les pruniers peuvent être disposés dans les jardins en espalier, en pyramide, en palmette et recevoir en un mot toutes les formes appliquées aux divers autres arbres fruitiers. Ils donnent même dans ces conditions, à l'encontre d'une opinion généralement admise, des fruits d'excellente qualité.

Quel que soit le système de taille adopté, il faut toujours tenir compte du mode de végétation de l'arbre sur lequel on opère. En ce qui concerne le prunier, il convient d'observer que le bourgeon à fruit de deux ans, qui est le seul productif, s'annule après avoir fructifié, et que sur le prolongement de la même branche, il se montre de nouveaux bourgeons destinés à devenir à leur tour bourgeons de remplacement. Chaque brindille sortie sur la branche fruitière porte le plus souvent, dès la troisième année, un certain nombre de boutons à fruits vers sa partie moyenne, et des boutons à bois vers le sommet et à la base. Par un pincement pratiqué proportionnellement au nombre des boutons, on arrête le développement de ce rameau, et on provoque à sa partie inférieure la formation de nouveaux bourgeons destinés à remplacer l'année suivante ceux qui ont fructifié. La formation continue de ces bourgeons de remplacement à l'origine des branches fruitières, ou bien en d'autres termes la concentration des fruits sur les branches mères, est, on le voit, le but principal de la conduite de l'arbre en espalier*.

L'humidité du printemps, un brouillard intense occasionnent sur la fleur du prunier des accidents fréquents désignés par les cul-

* Du Breuil, *Cours d'Arboriculture*, tome II. Voir encore, pour la description des différents systèmes de taille applicables au prunier : Hardy, *taille et greffe des arbres fruitiers;* Issartier, *culture des arbres fruitiers à tout vent.*

tivateurs sous les noms de *brûlure* et de *coulure*. Un soleil ardent, succédant à une pluie ou à un brouillard, donne encore lieu à l'altération des fleurs. Les gouttes d'eau restées sur les fleurs forment effectivement, dans ces différentes circonstances, des sortes de lentilles où viennent se concentrer les rayons du soleil, qui frappent fortement et détruisent ces jeunes organes trop délicats pour résister à leur action. Il est donc utile, aussi bien pour la taille en espalier que pour la taille en plein vent, d'éviter que les branches à fruits soient trop serrées, afin que l'air puisse circuler facilement autour d'elles et les sécher, lorsqu'elles se trouvent imprégnées d'humidité. De plus, si les branches sont serrées, le vent les fait entrechoquer en les agitant et provoque ainsi la meurtrissure et même la chute des fruits, avant l'époque de leur maturité.

V

Maladies du Prunier

Le prunier, de même que les autres arbres fruitiers, est sujet à de nombreuses maladies. Elles ont généralement pour origine l'action de divers insectes; mais nous allons d'abord dire quelques mots d'une maladie provenant de l'organisme même du prunier et qui est désignée sous le nom de gomme.

Gomme. La gomme se manifeste par des sécrétions à l'extérieur des rameaux, des branches et même des bourgeons, dont elle déchire les tissus pour se livrer passage. Elle est occasionnée par un engorgement de la sève. Quelle que soit la cause de cet engorgement, il importe toujours de prévenir l'action nuisible des sucs extravasés sur les plaies et sur les parties avoisinantes. Un moyen à la fois simple et efficace, pour atteindre ce but, consiste à enlever, à l'aide d'un instrument parfaitement tranchant, les portions du végétal déjà attaquées. Si l'écoulement gommeux persistait, on essuierait la plaie avec une éponge mouillée; au bout de quelques jours la cicatrisation aurait lieu et il ne resterait plus alors qu'à recouvrir la blessure d'une couche de mastic à greffer. La gomme se montre encore assez fréquemment sur les arbres âgés; elle est due dans cette circonstance à la pression exercée par les vieilles écorces sur les organes destinés à la circulation de la sève. Il suffit, pour prévenir cet accident, de pratiquer des incisions longitudinales sur le tronc du sujet malade, en évitant toutefois de pénétrer jusqu'aux parties ligneuses de l'arbre.

Insectes. — De tous les insectes qui s'attaquent au prunier les plus redoutables sont :

Les chenilles des deux bombyx : le bombyx livrée et le bombyx auriflue ou cul-doré. Après leur éclosion, qui a lieu en août, ces insectes s'enveloppent d'une toile de soie et passent ainsi l'hiver sur l'extrémité d'un rameau ou à l'abri d'une feuille recourbée. Au printemps suivant, sous l'influence des premières chaleurs, ils se réveillent, quittent leur retraite et se mettent à ronger toutes les parties vertes des arbres. Leurs dégâts sont tels dans le courant de certaine années que les plantations prennent l'aspect dénudé et triste de l'hiver. Aussi est-ce principalement pour combattre cette variété de chenilles qu'a été promulguée la loi de 1796 sur l'échenillage. Les moyens de destruction sont malheureusement imparfaits, lorsqu'il s'agit d'en faire l'application sur une grande échelle, aux époques de grande invasion, et la loi reste souvent sans effet. On conseille cependant, pour combattre ce véritable fléau, d'enlever les nids visibles au printemps à l'extrémité des branches ou d'écraser les bêtes elles-mêmes contre les tiges des arbres. Une solution de savon noir, lancée à l'aide d'une pompe à main, les fumigations sulfureuses, les injections d'huile, pratiquées à l'aide de certains appareils connus sous le nom d'échenilloirs, peuvent encore concourir d'une façon efficace à détruire ces redoutables envahisseurs. Tel est l'échenilloir à injection de pétrole de M. Damaniou, de Pardaillan (Lot-et-Garonne), qui a été primé au concours régional d'Agen en 1879.

Puceron. — Le puceron du prunier vit comme la chenille sur les feuilles de cet arbre et commet également pendant certaines années des dégâts considérables. Les fumigations de tabac, les lotions avec une décoction de cette substance, les injections d'eau chargée d'une dissolution de savon noir paraissent être les meilleurs moyens à employer pour se débarrasser de cet insecte.

Pyrale. — Deux variétés de pyrales s'attaquent au prunier : l'une vit sur les feuilles, la seconde, appelée pyrale de Weber, habite sur le bois même des arbres*. On ne cite malheu-

* D'après la *Gazette du Village* (mai 1880), la

reusement aucun moyen d'une efficacité suffisante pour combattre ces deux ennemis du prunier.

Mousse, *Lichen*. — On peut détruire les mousses et les lichens qu'on aperçoit souvent sur les branches et sur les troncs des pruniers par des grattages, par des lotions à l'eau de savon ou de pétrole, ou bien encore par des badigeonnages faits avec un lait de chaux

chute des prunes qui tombent de l'arbre déformées, enflées et pâles, serait due à la présence d'une larve de Tenthrède fulvicorne ou mouche à scie.

Dans nos campagnes, les fruits ainsi atteints sont dits *brouillardés*. Nous trouvons également une contradiction entre l'opinion émise par la *Gazette du Village* et une description du Tenthrède que nous lisons dans l'*Essai sur l'entomologie horticole* de M. le docteur Boisduval. « Cette mouche à scie ..... est *à peu près inconnue en France*, dit M. Boisduval. Elle est d'un blanc sale, comme la plupart des larves qui vivent dans l'intérieur des tiges ou des fruits, etc. »

Un grand nombre de prunes se détachent des branches, en avril et mai, trouées sur un de leurs côtés. Cet accident serait encore occasionné, selon la *Gazette du Village*, par la présence d'un insecte du genre *Rhynchite*. Nous ne saurions contester cette assertion; mais une telle explication n'en est pas moins insuffisante faute, de précision.

Si donc les entomologistes veulent bien reprendre l'étude de ces deux insectes, en indiquant les moyens pratiques de destruction, ils rendront un important service aux agriculteurs de l'Agenais.

ou simplement avec une eau de chaux incolore. De tels soins ont pour but de donner plus de vie à l'écorce et de faciliter ses fonctions dans l'utile concours qu'elle prête à la nutrition et à l'accroissement du végétal.

VI

Rendement du Prunier.

La récolte d'une plantation réussit rarement pendant deux ou trois années consécutives. On n'obtient le plus souvent qu'une récolte complète en trois ans, et des résultats moyens ou faibles pendant les deux autres années. Aussi l'association de la culture de la vigne à celle du prunier, sur un même sol, présente-t-elle l'avantage de parer aux fréquents mécomptes que le propriétaire aurait à subir si le champ était uniquement planté en pruniers. La précocité excessive de végétation, qui expose les fleurs et les fruits de cet arbre aux gelées du printemps, les brouillards si fréquents dans les départements méridionaux, les vents violents, les orages, les chenilles sont autant de causes de destruction, dont nous venons, du reste, de parler tout récemment.

Le produit de chaque prunier est en moyenne de 6 kilogrammes de pruneaux ; on a vu exceptionnellement certains arbres en donner jusqu'à 50 kilogrammes. Les pruniers étant plantés à 10 mètres les uns des autres, on peut obtenir, sur une superficie d'un hectare, un rendement de 600 kilogrammes de pruneaux, valant l'un dans l'autre, et suivant les années, de 35 à 60 fr. les 50 kilogrammes. Le produit brut de l'hectare peut donc être estimé en moyenne, d'après cette base, à 570 francs.

DEUXIÈME PARTIE

Préparation de la Prune

Commerce

I

Préparation de la Prune.

La récolte et la préparation de la prune sont deux opérations délicates. De leur bonne conduite dépend en grande partie la valeur du produit, on ne saurait donc y apporter trop de soins. C'est ce qui peut justifier les nouveaux détails où nous allons entrer.

La prune d'ente commence à mûrir dans les premiers jours du mois d'août. « Ce fruit, oblong, renflé vers le milieu, violet-rouge d'un côté, violet-rose de l'autre, est couvert d'une peau parsemée de très petits points, tantôt blancs, tantôt noirs. La chair est jaune, éminemment sucrée, d'un parfum relevé, que la dessiccation développe d'une manière évidente. Le noyau ovale, aplati, obtus est adhérent à la chair par quelques points latéraux. » Cette description, exacte et élégante, est empruntée à un mémoire inséré, à l'occasion d'un concours ouvert sur la question, dans le *Recueil des travaux de la Société d'Agriculture, Sciences et Arts d'Agen* (année 1821), et rédigé par M. le docteur Auricoste, médecin à Lauzun, homme d'un véritable mérite et lauréat de cette Société. — Pour posséder les précieuses qualités si bien décrites par M. Auricoste, la prune doit être cueillie parfaitement mûre, après sa chute sur le sol. Préparée à ce moment, elle se confit plus facilement, acquiert plus de saveur, conserve plus de poids et de volume et devient infiniment plus noire. Il existe cependant une exception à cette règle pour les fruits atteints par les vers ou le brouillard et pour ceux qui se détachent trop lentement de l'arbre à la fin de la saison. Abandonnées à elles-mêmes, les prunes altérées s'y gâteraient complètement. Cueillies, au contraire, et préparées immédiatement, elles peuvent figurer sur les premiers marchés et y acquérir, en l'absence de qualités supérieurs, un prix satisfaisant. Quant à l'attente des derniers fruits, elle n'aurait d'autre résultat que de prolonger sans profit les soins et les dépenses de préparation.

En raison de la délicatesse et de la fragilité de la peau qui la recouvre, la prune est sujette à de nombreux accidents. Un sol sec et raboteux, un orage violent, un lavage occasionné par l'adhérence d'une terre détrempée, sont pour elle autant de causes de déchirures et de détériorations. On conseille, pour atténuer ces fâcheux accidents, de tenir le sol parfaitement ameubli au-dessous de l'arbre, d'y répandre même une légère couche de paille, et d'y laisser séjourner les fruits le moins de temps possible.

Après la récolte, les prunes sont étendues sur un lit de paille, dans le voisinage de l'exploitation, ou mieux encore, si on le peut, sur les claies destinées à les confire. Ainsi exposées pendant un jour ou deux au soleil, elles subissent l'action d'un calorique doux et pénétrant très favorable à l'évaporation de l'humidité renfermée dans la pulpe. Cette pratique est surtout avantageuse, lorsqu'on a dû recourir à un lavage destiné à enlever la terre dont les fruits se trouvent souillés au moment de la récolte.

Pour arriver à un état complet de préparation, les prunes subissent au moins trois cuissons successives dans les fours ordinaires. Chacune de ces opérations a un but spécial, en vue duquel elle doit être conduite avec soin.

Les deux premières cuissons tendent à faire évaporer lentement l'eau renfermée dans la prune. La troisième cuisson a pour but, au contraire, de cuire complétement le fruit et de lui donner un certain vernis très recherché des acheteurs. Pour la première exposition aux fours, la chaleur ne doit pas dépasser 45 à 50 degrés centigrades ; pour la seconde, la température doit être supérieure à celle-ci de 15 à 20 degrés, mais il est important qu'elle ne s'élève pas à plus de 70 degrés. Si, durant ces deux premières opérations, la chaleur était poussée plus activement, il se produirait une ébullition dans l'intérieur du fruit, la peau se déchirerait, le sirop se répandrait et le pruneau, devenu glutineux et privé de saveur, serait dédaigné des marchands.

Après chaque cuisson, les prunes sont laissées à l'air libre, afin qu'elles puissent se refroidir; puis elles sont retournées, c'est-à-dire mises sens dessus dessous et déposées à la même place. Il faut se garder de manipuler les prunes tant qu'elles sont chaudes; les toucher à ce moment, serait s'exposer à les rendre glutineuses et empêcher le sirop de se figer.

La troisième cuisson est faite à une température de 80, 90 et quelquefois même 100 degrés. Cette cuisson, comme les deux précédentes, doit être surveillée avec le plus grand soin; le moindre excès de chaleur pourrait gonfler les prunes et les brûler.

Après la troisième cuisson, on trie les pruneaux complétement confits, et on soumet à des cuissons ainsi qu'à des triages ultérieurs ceux qui n'ont pas encore atteint le point voulu. Ce degré de préparation est parfait lorsque le fruit présente une peau ferme et luisante et lorsqu'il laisse sentir sous la pression du doigt une chair tout à la fois malléable et élastique.

Les prunes, après leur complète préparation, sont déposées dans des magasins jusqu'au moment de la vente. Un local qui ne serait pas sec et convenablement aéré, une cuisson insuffisante peuvent faire naître alors la moisissure et compromettre entièrement ce produit. L'un des hommes les plus dévoués aux questions scientifiques de notre contrée, M. Adolphe Magen, secrétaire perpétuel de la Société d'Agriculture, Sciences et Arts d'Agen, a bien voulu nous indiquer dans une note manuscrite, dont nous lui sommes reconnaissant, les phénomènes qui occasionnent un tel accident; il signale, en outre, les soins à prendre pour en prévenir les conséquences fâcheuses. Nous ne saurions mieux faire que de reproduire textuellement son propre travail :

« Les pruneaux, comme tous les fruits à pulpe molle et sucrée, sont extrêmement hygrométriques, très sujets, par conséquent, à altération. Leur degré de cuisson n'est pas toujours aussi élevé qu'il devrait l'être. Les plus beaux fruits se vendant le plus cher, on s'arrange, dans la préparation, de manière à en réduire le moins que possible le volume. Pour cela, on chauffe fortement, on donne ce qu'on appelle un *coup de feu.* L'épiderme se contracte, devient presque imperméable et arrête l'évaporation des sucs intérieurs. Il en résulte ou plutôt il en résultera un grave inconvénient. Cet épiderme, trop desséché, tend à reprendre à l'air une portion de l'eau qu'il a perdue. Un vent humide vient-il à souffler? L'équilibre hygrométrique commence à se rétablir et bientôt se montrent quelques brins de moisissure. Pour peu qu'on laisse passer de temps sans remettre le fruit à l'étuve, le mal est irréparable : le tissu externe ne recouvre plus sa consistance première. Il devient cassant et se fendille, livrant la pulpe, qui est très fermentescible, à l'influence d'un air chargé de spores de toute espèce. Si on examine alors les pruneaux, on voit sur les points correspondant aux fissures des efflorescences verdâtres, et sur le reste de la surface, comme une sorte de poudre blanc-grisâtre. Cette matière, qu'on prend communément pour du sucre effleuré par exsudation, est en effet de nature saccharine, mais elle contient aussi des myriades d'insectes microscopiques appartenant au genre Acarus. Si ce n'est pas l'*Acarus passularum*, qui abonde sur les figues sèches en état d'altération, ou le *Bostrichus dactyliperda* qui ronge les vieilles dattes, c'est, du moins, une espèce très voisine.

« Des phénomènes identiques se produisent sur les pruneaux qui, convenablement préparés, ont été conservés dans des locaux bas et humides.

« Il suit de là que, pour conserver ce fruit avec ses qualités d'aspect brillant et d'agréable saveur, il faut, par une cuisson bien ménagée, permettre aux sucs intérieurs de vaporiser le superflu de leur eau, puis dessécher la peau par une dernière chauffe, suffisamment prolongée et modérée ; enfin tenir le fruit dans des locaux élevés, susceptibles d'être bien clos et où l'air, pendant les temps secs, puisse se renouveler librement et largement. »

II

Etuves à Pruneaux

Les opérations qui viennent d'être décrites sont longues et minutieuses : elles exigent des manipulations nombreuses, et par suite une main-d'œuvre considérable qui augmente d'autant le prix de revient des pruneaux. De plus, il en résulte, pendant les années d'abondance et les années pluvieuses, des pertes énormes pour les cultivateurs qui ne peuvent pas exécuter avec assez de promptitude tous ces travaux. On a donc songé, depuis longtemps, à créer des moyens de préparation à la fois plus économiques et plus expéditifs.

Plusieurs systèmes ingénieux ont été successivement imaginés: l'une des plus remarquables inventions de ce genre a été l'étuve Descamp. Par une habile disposition des claies, cette étuve pouvait en renfermer à elle seule autant que treize fours ordinaires ; la prune s'y trouvait frappée par la chaleur sur tous les points à la fois, comme cela a lieu avec les systèmes actuels ; les fourneaux, placés en-dessous de l'étuve proprement dite, étaient susceptibles de consommer les bois les plus menus ; enfin, la direction des cheminées et l'action des ventilateurs concouraient à utiliser les moindres atomes de calorique. Cet appareil, on le voit, attestait l'intelligence parfaite, de la part de l'inventeur, des difficultés à résoudre et du but à atteindre. Malheureusement il péchait, comme la plupart des choses nouvelles, par de nombreuses imperfections de détail, et il est, pour ainsi dire, oublié aujourd'hui.

Sous l'impulsion des nombreuses récompenses offertes aux constructeurs d'étuves dans les expositions régionales et industrielles ou par les

Sociétés locales d'agriculture, de nouveaux efforts ont été tentés. Le problème consistait aujourd'hui à enlever graduellement la vapeur d'eau exhalée par les prunes, à répartir la chaleur avec égalité sur tous les points chauffés et à simplifier les manipulations par des dispositions spéciales des claies dans l'étuve. Des appareils nouveaux sont venus répondre à ces exigences. Avant d'en décrire les principaux types, nous allons indiquer, comme point de départ, les règles générales qui doivent présider à l'établissement d'une bonne étuve.

1° *Economie de combustible.* — L'une des premières économies à réaliser pour abaisser le prix de revient des pruneaux est la dépense en combustible. De simples précautions, telles que l'introduction de l'air en-dessous du combustible, son admission par un orifice pouvant en régler le volume, sa distribution sur les parois du foyer, son accès dans l'étuve par des ouvertures susceptibles d'être modifiées à volonté, sa répartition régulière à l'intérieur par des tuyaux percés de trous, concourent d'une façon efficace à cet important résultat. Si, effectivement, par la disposition du foyer, le feu peut être ralenti ou activé, si les ouvertures qui donnent accès à l'air chaud peuvent être ouvertes ou fermées à volonté, l'opérateur est absolument maître de son travail et, avec un peu d'expérience, il arrivera à éviter les pertes de calorique occasionnées par les courants d'air mal gradués, à prévenir les coups de feu et à ne dépenser que la quantité de combustible absolument nécessaire à la cuisson des fruits.

2° *Uniformité de la chaleur.* — Cette condition n'est pas moins importante que la précédente. Le corps proprement dit d'une étuve se compose d'une chambre rectangulaire ou ronde, renfermant plusieurs rangées de claies superposées. Par leur position même, les claies de la partie inférieure reçoivent directement la chaleur du foyer, celles de la partie centrale sont frappées moins fortement et se trouvent, en outre, exposées aux vapeurs d'eau qui s'échappent des étages inférieurs; enfin, les claies placées dans le haut de l'étuve subissent l'action vive des courants d'air chaud, entraînés vers cette région, en vertu de leur moins grande densité. Les prunes du haut et du bas de l'étuve doivent donc se confire plus rapidement que celles des claies centrales. Ce fait, joint à la concentration de la vapeur d'eau au milieu de l'étuve, constitue pour les constructeurs le plus grand obstacle à vaincre lorsqu'ils établissent leurs appareils. Des courants d'air chaud dirigés vers le centre de l'étuve et des ouvertures pratiquées vers le même point dans l'épaisseur de la maçonnerie peuvent atténuer ces graves inconvénients. Dans ce but, la quantité d'air chaud introduite doit être calculée avec précision, les ouvertures doivent être indépendantes les unes des autres et elles doivent pouvoir s'ouvrir et se fermer à volonté. En effet, l'évaporation de l'humidité contenue dans les prunes, a lieu d'une façon inégale : active au commencement de l'opération, il faut qu'elle puisse devenir plus lente et même être arrêtée, à mesure que la dessiccation se produit.

3° *Maintien de la température de l'étuve.* L'étuve présente surtout des avantages lorsqu'on en fait un usage prolongé et non interrompu. La laisser refroidir, c'est perdre une partie notable du combustible. Il est donc important d'éviter toutes les causes de déperdition de calorique. L'entrée et la sortie des claies en sont une occasion fréquente et inévitable. Pour atténuer les effets préjudiciables d'une telle opération, on doit disposer les portes de façon à prévenir les courants d'air, à restreindre, autant que possible, l'accès de l'air au moment de leur ouverture, enfin, à rendre prompte et facile l'introduction des claies dans l'étuve. Plusieurs constructeurs adoptent aujourd'hui, en vue de donner satisfaction à cette dernière indication, un système d'étagère fort ingénieux.

Cette installation nouvelle consiste en un cadre de fer, porté par des petites roues de chemin de fer, occupant tout le corps de l'étuve; des tringles également en fer viennent prendre appui sur les montants du cadre et constituent les étagères proprement dites. A l'aide de rails, posés en avant et dans l'intérieur de l'étuve, il est facile, on le comprend, de mettre en mouvement tout cet ensemble et de faire entrer ou sortir, en quelques secondes, une fournée entière de prunes.

Ajoutons à ces détails de construction un renseignement tout pratique, également destiné à prévenir les déperditions de chaleur. Il réside dans des mesures de prévoyance donnant la faculté, lorsqu'on charge ou décharge une étuve, de pouvoir la regarnir immédiatement, sans qu'il soit nécessaire d'attendre le refroidissement des claies qui viennent de sortir.

4° *Nettoyage facile.* — Il est important de pouvoir visiter et nettoyer aisément les tuyaux d'échappement de la cheminée, ceux d'introduction de l'air, ainsi que ceux de sortie de la vapeur. De leur bon entretien dépend la régularité de marche de l'appareil.

Après ces explications préliminaires, nous allons entrer dans quelques détails sur les systèmes d'étuves dont les dispositions se rapprochent le plus des règles que nous venons d'indiquer. Nous commencerons par deux étuves primées au Concours régional de Bergerac, en 1872 : l'étuve de M. Bournel, à Monflanquin (Lot-et-Garonne), et celle de M. Merlateau, à à Castillonnès, dans le même département *.

Etuve Bournel. — L'étuve de M. Bournel a la forme d'un cylindre dont la hauteur est égale au diamètre de la base. A la partie inférieure, se trouve le foyer recouvert, dans toute la longueur, d'une plaque de fonte que la flamme vient chauffer par des ouvertures convenablement ménagées. Tout autour du foyer sont disposés des vides garnis de pierres en grès, qui reçoivent également l'action de la flamme par des ouvertures spéciales. Des tuyaux, partant de l'extérieur, amènent l'air dans une chambre dont les parois sont chauffées à la fois par la plaque de fonte et par les pierres de grés. A la sortie de cette chambre, l'air chaud passe à travers un régulateur où il se dessèche de nouveau, et de là il pénètre dans l'intérieur de l'étuve par des petits tuyaux et une colonne creuse percée de quatre ouvertures vers le milieu de sa hauteur. Deux autres tuyaux, placés verticalement de chaque côté

* Le Concours régional de Bergerac ayant eu lieu exceptionnellement, en 1872, dans le courant du mois d'août, il fut possible au jury de se procurer des prunes et de soumettre les étuves à des épreuves pratiques.

des claies, conduisent au dehors la vapeur exhalée par les prunes. Les produits de la combustion s'échappent ensuite dans la cheminée qui se trouve en arrière de l'appareil.

Le système d'étuve que nous venons de décrire présente, selon l'inventeur, des avantages sérieux. Il permet de faire consommer par le foyer les bois les plus menus, il utilise, par suite du long parcours de la flamme, la majeure partie de la chaleur développée par le combustible, enfin il laisse la faculté, grâce au régulateur, de pouvoir chasser graduellement la vapeur d'eau accumulée dans l'étuve, sans qu'il se produise ni coulure, ni déchirure sur la peau du fruit.

M. Bournel construit au gré des propriétaires deux modèles d'étuve : l'un est à arbre tournant et l'autre à chemin de fer; ils coûtent, suivant les dimensions, de 350 à 480 francs.

Etuve Merlateau. — Le principe d'après lequel est établi l'étuve de M. Merlateau diffère peu du précédent. Le foyer de cette étuve est surmonté d'une grande chambre remplie de moellons; la flamme traverse ces pierres pour se diriger dans une cheminée, munie d'un régistre, qu'on peut ouvrir ou fermer à volonté. Sur une des parois de la chambre à moellons se trouve un second régistre donnant communication avec l'étuve proprement dite. A l'extrémité opposée de l'étuve débouche un tuyau, destiné à aspirer l'air saturé de vapeur et appelé seulement à fonctionner lorsque la porte du foyer est ouverte. Tant que le feu brûle dans le foyer, on ferme le régistre de l'étuve et on maintient ouvert celui de la cheminée. On ouvre, au contraire, dès que les pierres sont suffisamment chauffées, le régistre de l'étuve et on ferme à son tour celui de la cheminée. L'air extérieur entrant alors par la porte du foyer, passe sur les pierres où il s'échauffe, pénètre dans l'étuve à l'état d'air chaud et sec, et s'échappe, quand il est saturé de vapeur, par le tuyau d'aspiration. M. Merlateau donne une forme quelconque à la maçonnerie qui constitue le corps proprement dit de l'étuve et il dispose indifféremment les claies dans l'intérieur de son appareil sur des étagères fixes ou sur un pivot central tournant.

Le Comice agricole de l'arrondissement de

Villeneuve a organisé, le 8 septembre 1879, un concours spécial d'étuves à prunes. Treize constructeurs ont répondu à l'appel qui leur était fait. Leurs appareils de systèmes différents ont été examinés avec le plus grand soin par une commission composée des présidents des Comices du département de Lot-et-Garonne ainsi que des personnes les plus compétentes en semblable matière. Après plusieurs essais comparatifs, le jury a classé en première ligne l'étuve de M. Ribes, en deuxième ligne celle de M. Marcheron, en troisième ligne celle de M. Cazenille, et en quatrième ligne celle de M. Solacroup. Quelques appareils ont encore paru dignes au jury de figurer au nombre des lauréats de ce concours. Nous en reconnaissons le mérite; mais dans ce travail, nécessairement limité, nous nous contenterons de décrire ceux d'entre eux qui ont obtenu les quatre premières récompenses.

Etuve Ribes, à Lamothe-Fey, près Monflanquin, prix : 400 fr. Cette étuve présente une hauteur totale de 3^{m}20, une largeur de 1^{m}50 et une profondeur de 2^{m}45. Elle est pourvue d'un système d'étagères à chemin de fer, qui permet de la charger et de la décharger avec la plus grande facilité. Les étagères du wagon, au nombre de 10, supportent 40 claies de 1 mètre de long chacune sur 0^{m}50 de large. Le fourneau, coulé en fonte, est placé à l'arrière de l'étuve; la fumée s'en échappe par deux tuyaux à doubles coudes, qui parcourent une partie de l'étage supérieur de l'appareil. L'air froid est introduit, à droite et à gauche de la porte du foyer, par deux ouvertures de 10 centimètres; de là, il passe sous une plaque de fonte où il s'échauffe; puis il pénètre dans deux tuyaux de distribution disposés sur les côtés; enfin, il se répand, vers le tiers de la hauteur des étagères, dans l'intérieur de l'étuve par une infinité de petits trous. Cet appareil exerce tout à la fois son action par rayonnement et par courant d'air chaud. Une plaque de fonte, posée au-dessus du foyer, concourt, en outre, à une diffusion complète du calorique. Quant à l'aspiration de la vapeur exhalée par les prunes, elle a lieu à l'aide de deux tuyaux horizontaux, placés aux trois quarts de la hauteur totale de l'étuve. Ces tuyaux sont en tôle et percés en forme d'écumoire. Enfin, on peut par des ouvertures pratiquées en arrière de l'appareil, introduire de l'air froid, si les besoins de la préparation l'exigent.

Grâce à une telle installation, l'air chaud, on le voit, est distribué régulièrement à tous les étages de l'étuve et le dégagement de la vapeur d'eau a lieu directement et avec régularité.

Aux expériences de Villeneuve, les prunes mises dans l'étuve de M. Ribes, étaient encore vertes et mal mûries. L'opération a duré trente-huit heures, il n'y a eu aucune manipulation à faire subir aux fruits pendant le travail. Les 309 kilogr. de prunes dont on avait chargé les claies, ont donné 125 kilogr. 500 de pruneaux. C'est donc un rendement de 40 % sur la prune mise dans l'étuve. La fournée a consommé 237 kilogr. de bois; le rendement, à ce point de vue, a été de 0 kilogr. 530 de prune sèche par kilogramme de bois brûlé *.

* *Rapport* de M. Couderc sur le Concours d'étuves du Comice de Villeneuve (*Bulletin mensuel de novembre 1879 du Comice*). Ces chiffres et ceux de même nature, concernant les étuves de MM. Marcheron, Cazenille et Solacroup sont pris à la même source.

Etuve Marcheron, à Saint-Pastour, prix : 600 francs. Sauf les plus grandes proportions de son fourneau et sa plus grande profondeur intérieure, l'étuve Marcheron rappelle, à peu de chose près, les dispositions de celle qui vient d'être décrite. Comme pour l'étuve de M. Ribes, la chaleur est distribuée à l'intérieur de l'appareil, à la fois par rayonnement du fourneau et par un courant d'air chaud. La plaque de fonte placée au-dessus du fourneau est munie de cannelures qui augmentent la surface rayonnante. Cette même disposition a été adoptée pour un grand tuyau en fonte faisant suite au fourneau, et pour les tuyaux d'échappement de la fumée et des produits de la combustion. L'air est introduit par des ouvertures pratiquées sur le devant de l'étuve, ainsi que sur les côtés. Ces ouvertures de forme carrée, mesurent 25 centimètres ; on peut en diminuer les dimensions par le jeu de doubles portes. L'aspiration de l'humidité produite par les prunes se fait au moyen de quatre entonnoirs, munis de clapets dont l'ouverture varie suivant la pression exercée par la vapeur.

L'étuve de M. Marcheron est à chemin de

fer comme celle de M. Ribes; le wagon comprend 8 étagères et supporte également 40 claies de 1^{m}08 de longueur sur 0^{m}45 de largeur.

Les prunes mises dans cette étuvé, aux expériences de Villeneuve, étaient de qualité passable. La fournée a demandé trente et une heures de préparation et n'a exigé aucune manipulation. Les 335 kilogr. de prunes soumises à l'opération ont donné 147 kilogr. 200 de pruneaux. C'est un rendement de 44 %. Il a été dépensé, pour atteindre ce résultat, 337 kilogr. de bois; on a donc obtenu 0 kilogr. 434 de prunes sèches par kilo. de bois brûlé. Il résulte de ces chiffres que la dépense en combustible a été supérieure à celle de la première étuve. Cette infériorité provient de ce que l'air, pénétrant en plus grande quantité, occasionne dans l'appareil divers courants, dont la présence nécessite un accroissement de chaleur pour obtenir une température déterminée. Cet inconvénient n'est que partiellement corrigé, du reste, par la forme donnée aux tuyaux, forme qui atteste une étude attentive des lois du rayonnement.

Etuve Cazenille, dit Lacan, au Port-Ste-Marie (prix, sans maçonnerie, 350 fr.). L'aspect extérieur de cette étuve la distingue tout de suite des précédentes. — Elle est ronde, à arbre tournant central, portant sept étages. — Elle peut renfermer 56 claies triangulaires d'une longueur de 1 mètre sur 0m69 de large. Elle mesure 2m50 de hauteur et de diamètre. L'accès de l'air extérieur sur le foyer se fait par les joints de la porte. Néanmoins, si les besoins de préparation l'exigent, deux ouvertures mobiles, dites soupiraux modérateurs, peuvent permettre l'introduction d'une certaine quantité d'air extérieur, qui est d'abord reçu par une chambre d'air chaud placée au-dessus du foyer. Quant à l'aspiration de la vapeur exhalée par les prunes, elle s'effectue à l'aide de deux tuyaux qui partent du centre de l'étuve et sont dirigés sous la grille du foyer, pour activer la combustion. Ces diverses dispositions, avantageuses sous certains rapports, présentent l'inconvénient de ralentir la marche de l'appareil.

Voici le résultat des expériences de Villeneuve : l'étuve a été chargée avec 300 kilog.

de prunes de qualité médiocre. La fournée a duré quarante-une heures et elle a donné 139 kilog. 800 de pruneaux. Le rendement a été de 46,5 p. 100. Il a fallu 185 kilog. de bois pour le travail; on a ainsi obtenu 0 k. 755 de prune sèche par kil. de bois brûlé. Mais on a dû faire subir quelques manipulations aux prunes pendant l'opération.

M. Cazenille construit également un système d'étuve à chemin de fer.

Étuve Solacroup, à Roquecor, Tarn-et-Garonne (prix 450 fr., avec tuyaux de tôle, ou 580 fr., avec tuyaux de fonte et maçonnerie). — Cette étuve possède, contrairement à ce que nous avons constaté pour les trois précédentes, un système d'étagères fixes, disposées sur trois rangées. Les claies, au nombre de dix par étage, présentent une longueur de 2 mètres et une largeur de 0 m. 50. A chaque étage correspond une porte, afin d'atténuer les pertes de chaleur au moment du service de l'étuve. Le fourneau, établi en maçonnerie, est surmonté d'une plaque de fonte et d'une plaque centrale circulaire également en fonte, à laquelle viennent s'adapter les tuyaux destinés aux produits de la combustion. L'air, après avoir été conduit par un tuyau spécial sous la plaque centrale, se répand dans l'intérieur de l'appareil. Les tuyaux de la fumée dirigés au travers des claies émettent, en outre, de la chaleur par rayonnement et concourent ainsi à la cuisson de la prune. Enfin, six tuyaux d'aspiration, disposés à la partie supérieure de l'étuve, donnent sortie à la vapeur d'eau produite par la prune.

A Villeneuve, l'étuve chargée de 373 kilog. de très mauvaises prunes, a donné, en vingt-neuf heures, 148 kilog. de pruneaux; c'est un rendement de 39 pour cent. On a brûlé 375 kilog. de bois; à ce point de vue, le rendement a été de 0 kilog. 395 de prunes sèches par kilog. de bois brûlé. La conduite de cette étuve, qui, de l'avis du jury de Villeneuve, présente des qualités sérieuses, réclame beaucoup de soins et une grande habitude.

III

Triage des Prunes

Avant d'être expédiée vers les centres de consommation, la prune est divisée par les propriétaires ou les négociants en différentes catégories, selon leur volume et leur poids. Faite à la main, cette opération est longue et coûteuse. On a donc cherché depuis longtemps à l'exécuter à l'aide de procédés mécaniques. L'une des premières inventions de ce genre est due à M. Félix, de Castelmoron. Elle consiste en une tôle perforée, établie de façon à pouvoir recevoir un mouvement alternatif de va-et-vient et de sassement. Au moyen de tôles de rechange, percées de trous de différentes grosseur, on obtient ainsi les divers choix de prunes demandés par le commerce. Mais le contact gluant de ces fruits crassit vite la tôle et le travail s'en trouve souvent ralenti.

Une invention des plus simples a été proposée pour parer à cet inconvénient. Elle se résume en un cadre de bois garni à sa base d'un grillage, dont les mailles sont calculées sur le volume des prunes à obtenir. Quatre petites roues et deux tringles en fer supportent ce petit appareil et permettent de lui imprimer un mouvement alternatif de va-et-vient. Il suffit de posséder un nombre de cadres égal aux différents choix à effectuer, pour arriver, avec ce mécanisme fort simple, à opérer successivement un triage complet. Mais cet appareil, comme la trieuse plus perfectionnée de M. Truffel dont nous allons donner une description, ne peut fonctionner d'une manière satisfaisante qu'à la condition de posséder des grillages établis d'une façon mathématique. Une différence de quelques millimètres dans le diamètre des mailles suffit pour modifier complétement les proportions pour chacune des catégories de prunes à obtenir.

La trieuse de M. Truffel, de Miramont (Lot-et-Garonne), se compose d'un cadre rectangulaire monté sur quatre pieds. A l'intérieur de ce cadre est suspendu par des courroies en cuir, un deuxième cadre, muni de châssis à toiles métalliques. Sur deux des faces internes du premier cadre sont fixés, se faisant vis-à-vis, des ressorts à boudin, destinés à faciliter le mouvement de va-et-vient qui est imprimé au cadre intérieur par une poignée, spécialement affectée à cet usage. Le grillage n'est pas le même pour tous les châssis. Plus serré aux compartiments de l'une des extrémités de la trieuse, il va en s'élargissant, à mesure que l'on s'approche de l'autre extrémité. Des séparations, posées transversalement sur le cadre intérieur, se trouvent reliées par des charnières aux châssis grillés. Ces séparations sont mobiles et le nombre peut en être accru ou diminué avec celui des châssis, selon qu'on veut effectuer une plus ou moins grande division des prunes.

Voici comment fonctionne l'appareil. On place les prunes dans le premier compartiment à grillage serré ; les plus petites prunes le traversent, après que le cadre a été mis en mouvement; on a ainsi obtenu une première catégorie de prunes. Relevant alors le châssis grillé, et le faisant tourner vers le châssis voisin, à l'aide des charnières posées sur la traverse de séparation, on décharge dans le second compartiment les prunes qui n'ont pu passer au travers de la première grille. Cela fait, on recommence l'opération comme à la première fois. Au lieu d'un triage, il se forme à cette seconde épreuve deux catégories de prunes, qui viennent tomber dans des corbeilles placées au-dessous de l'appareil. En continuant le travail de la même manière, on obtient un triage complet, lorsque les prémières prunes mises dans la trieuse arrivent au dernier compartiment. M. Truffel est parvenu ainsi, on le voit, à effectuer simultanément toutes les catégories de prunes demandées par le commerce. C'est là un progrès important.

Aussi le jury du Concours régional d'Agen lui a-t-il décerné, en 1879, une médaille d'or pour cétte ingénieuse invention.

IV

Commerce de la Prune

Les négociants ont réparti les prunes en huit catégories différentes, afin de faciliter les transactions commerciales. Le nombre de fruits nécessaires pour donner un poids de 500 grammes, c'est-à-dire une livre, a servi de base à ces divisions. En voici la classification :

1. Fretin. Prunes de plus de 100 fruits à la livre
2. Petite rame. Prunes de 90 à 100 —
3. Rame. — 80 —

4.	Rame supérieure.	Prunes de	70	fruits à la liv.
5.	Demi-choix.	—	60	—
6.	Choix	—	50	—
7.	Sur-choix.	—	40	—
8.	Extra.	—	30	—

Les négociants ont souvent donné à des catégories inférieures les désignations réservées dans le tableau ci-dessus à des prunes de qualité supérieure. Il en est résulté un certain trouble dans les relations commerciales qu'il a été indispensable de faire disparaître, lorsque l'exportation de ce produit a pris une plus grande extension. La Maison Fau, de Bordeaux, l'une des plus importantes en ce qui concerne le commerce des prunes, adopta alors, pour ses relations d'affaires, une désignation qui ne laissait aucun doute sur la qualité réelle de la marchandise. Le chef de cette maison conçut l'idée judicieuse de remplacer les noms vagues des catégories par un numéro correspondant au nombre de fruits nécessaires pour représenter un poids d'une livre. Cette méthode était à la fois simple et précise ; aussi le commerce l'a-t-il adoptée à son tour et aujourd'hui les méprises ne sont plus possibles.

Nous allons reproduire cette nouvelle classification d'après l'ouvrage de M. Issartier, auquel nous faisons encore cet emprunt.

Le n° 1	indique la prune de	90 à 92	fruits à la liv.
— 2	—	80 à 82	—
— 3	—	70 à 72	—
— 4	—	60 à 62	—
— 5	—	55 à 56	—
— 6	—	50 à 51	—
— 7	—	44 à 45	—
— 8	—	40 à 41	—
— 9	—	34 à 35	—
— 10	—	30 à 31	—

Au moment de l'expédition, les prunes sont aplaties entre deux cylindres revêtus de caoutchouc, puis elles sont tassées dans des caisses à l'aide d'une machine spéciale, appelée paqueuse. D'autres fois, elles sont mises dans de petites boîtes pesant 1 kilog, et disposées d'après le système des conserves Appert. Ce dernier procédé, très usité pour les destinations lointaines, a grandement contribué à la vulgarisation de ce produit. Bordeaux est devenu le principal centre commercial de cette importante production; outre les expéditions faites par chemins de fer, une centaine de navires quitte annuellement son port, chargés du précieux fruit de nos contrées. L'exportation a lieu vers les villes du nord de la France, vers la Belgique, la Hollande, l'Allemagne du Nord, la Russie, enfin et surtout vers l'Amérique.

TABLE DES MATIÈRES

www.ingramcontent.com/pod-product-compliance
Ingram Content Group UK Ltd.
Pitfield, Milton Keynes, MK11 3LW, UK
UKHW021057270726
13967UKWH00012B/2038

9 782012 865709